Mark Matern

Die Schwefelsäure - Eigenschaften, Gewinnung, Nutzung

GRIN Verlag

Bibliografische Information der Deutschen Nationalbibliothek:

Die Deutsche Bibliothek verzeichnet diese Publikation in der Deutschen National-
bibliografie; detaillierte bibliografische Daten sind im Internet über http://dnb.d-
nb.de/ abrufbar.

Impressum:

Copyright © 2010 GRIN Verlag GmbH
Druck und Bindung: Books on Demand GmbH, Norderstedt Germany
ISBN: 978-3-640-89700-1

Dieses Buch bei GRIN:

http://www.grin.com/de/e-book/170748/die-schwefelsaeure-eigenschaften-gewin-
nung-nutzung

GFS zum Thema: Schwefelsäure

Eigenschaften
Gewinnung
Nutzung

vorgelegt von Mark Matern

15. Dezember 2010

Inhaltsverzeichnis

1 Bau der Schwefelsäure

Die Schwefelsäure gehört zu der Gruppe der Mineralsäuren, also der Säuren, die
„anorganisch sind" und damit keinen Kohlenstoff in ihren Verbindung aufweisen.
Dazu zählen beispielsweise die Salzsäure und die Salpetersäure. Im Gegensatz
dazu, sind Säuren wie die Essigsäure oder die Zitronensäure keine Mineralsäuren,
da sie wie oben geschildert, Kohlenstoff-Atome in ihrer Molekülstruktur aufweisen.
Nach der IUPAC-Klassifizierung wird die Schwefelsäure als Dihydrogensulfat und
nach der Summenformel als H_2SO_4 angegeben. Aus diesen beiden Angaben kann
man auch problemlos auf die Strukturformel der Schwefelsäure schließen. Der Teil
„Dihydrogen" lässt schon erahnen, dass sich zwei OH-Bindungen in diesem Molekül
befinden. Dabei bleiben noch zwei Sauerstoff-Atome übrig, die je eine
Elektronendoppelpaarbindung mit dem Schwefelatom eingehen.
Somit kommt man auf folgende Strukturformel:

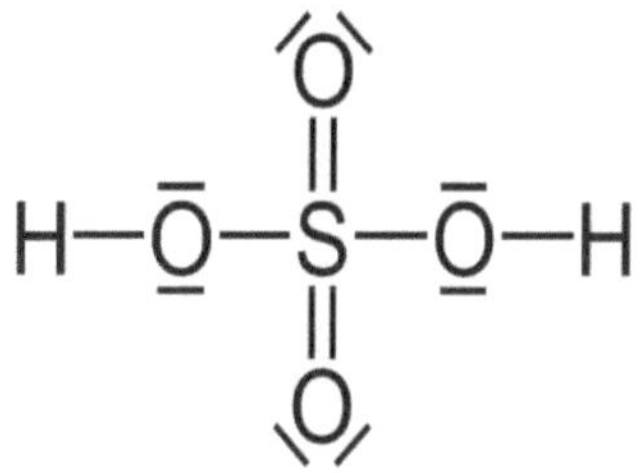

Die vier Bindungen, die vom zentralen Schwefelatom ausgehen, sorgen zusätzlich
für einen tetraedischen Aufbau, welche die räumliche Struktur der Schwefelsäure
prägen.

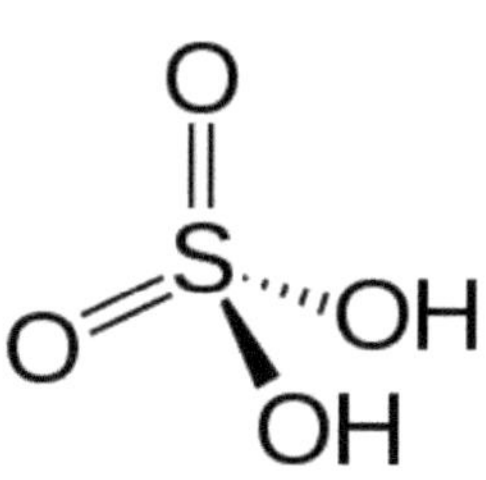

2 Chemische/Physikalische Eigenschaften d. Schwefelsäure

Schwefelsäure liegt bei Raumtemperatur als eine farblose und sehr viskose Flüssigkeit vor, die aber eine höhere Dichte (1,84 g/cm³) als Wasser aufweist[1]. Dies ist darauf zurückzuführen, dass zwischen den Schwefelsäuremolekülen äußerst starke Wechselwirkungen vorherrschen. In flüssiger Form kommt es in der Schwefelsäure nämlich zu Wasserstoffbrücken zwischen den Molekülen, sodass jeder Tetraeder in direkter Verbindung mit vier weiteren Tetraedern steht. Dieser Dipolcharakter ist derart dominant, dass Wasser beim Kontakt mit Schwefelsäure, unter Freiwerdung von viel Wärme, zunächst eine Hydrathülle um diese bildet. Erst wenn genügend Wassermoleküle in der Lösung vorhanden sind, schleusen sich die überschüssigen Moleküle in die Hydrathülle hinein und lösen diese damit auf. Bei hochkonzentrierter Schwefelsäure, mit nur geringer Verdünnung, überwiegt deshalb die Hydratation den Protolyseprozess. All diese und noch weitere Beobachtungen führen zu dem Schluss, dass die Schwefelsäure offensichtlich eine andere mesomere Struktur annehmen kann. In dieser geht das Schwefelatom nur Einfachbindungen zu den Sauerstoffatomen ein, sodass der Schwefel zweifach positiv und die Sauerstoffatome, die nicht mit einem Wasserstoffatom in Kontakt stehen, einfach negativ geladen werden[2]:

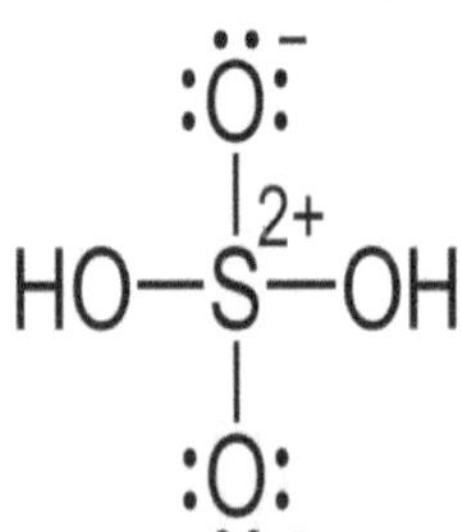

Diese ist die wahrscheinlichste Strukturform der Schwefelsäure, da damit die gesamten, für die Schwefelsäure typischen Eigenschaften, durch die starken elektrostatischen Wechselwirkungen am plausibelsten erklärt werden können.

Dazu zählt z.B. die Viskosität, die Hygroskopie, die Bildung von Hydrathüllen um das Schwefelsäuremolekül...

Aus der Schwefelsäure heraus bilden sich die sogenannten Sulfate oder die Hydrogensulfate. Dies sind Salze, die jeweils aus einem Sulfat-Anion $(SO_4)^{2-}$ (Bei den Sulfaten) oder einem Hydrogensulfat-Anion $(HSO_4)^-$ (Bei den Hydrogensulfaten) und einem Kation (z.B. Na^+ oder Ca^{2+}) bestehen. *Beispiel:*

Aus der Reaktion von Schwefelsäure und Natriumhydroxid bildet sich

---

1   s. Quelle Nr. 1
2   s. Quelle Nr. 11/ aus http://de.wikipedia.org/wiki/Schwefels%C3%A4ure#cite_note-21.

Natriumhydrogensulfat und Wasser.

- $H_2SO_4 + NaOH \leftrightarrow NaHSO_4 + H_2O$.

Im Gegensatz dazu wäre die Verbindung aus einem Kation und einem Sulfat-Anion am Beispiel des Natrium folgendermaßen:

- $H_2SO_4 + 2\,NaOH \leftrightarrow Na_2SO_4 + 2H_2O$.

Die Schwefelsäure ist zudem bekannt für ihre hohe Aggressivität und ihre starke ätzende Wirkung beim Kontakt mit anderen Stoffen. Sie gehört deshalb zu einer der stärksten Säuren mit einem pKs-Wert (Säurekonstante) von -3.0. (Im Vergleich dazu: Essigsäure 4,76 und Salpetersäure -1,37)[3]. Die Säurekonstante ist ein Wert der definiert, wie hoch das Bestreben einer Säure ist sich von einem Proton zu trennen und dieses an einen Protonenakzeptor abzugeben[4]. Je kleiner dabei der Wert, desto aggressiver die Säure und desto stärker ist das Reaktionsgleichgewicht des Lösungsvorgangs in Wasser auf der Produktseite. Chlorwasserstoff beispielsweise hat einen pKs-Wert von -7,0[5], weshalb die Lösung von HCl in Wasser fast vollständig in Oxoniumionen und Chlorid-Anionen überläuft. Eine zusätzliche Eigenschaft, die vor allem für die Industrie von hoher Bedeutung ist, ist die starke hygroskopische Eigenschaft der Schwefelsäure. Hygroskopische Stoffe sind sehr wasserbindend und ziehen Wasser und Feuchtigkeit aus der Luft an, weshalb sie oftmals als Trocknungsmittel verwendet wird[6]. Nicht zu vernachlässigen ist auch das starke Reaktionsbestreben, das vor allem beim Lösen von Schwefelsäure in Wasser zu beobachten ist. Beim Lösungsvorgang wird sehr viel Wärme sehr rasch freigesetzt. Daher kommt auch der oft verwendete Merksatz der praktischen Chemie „Zuerst das Wasser, dann die Säure, sonst geschieht das Ungeheure". Wenn nämlich kleine Mengen Wasser auf eine große Menge Schwefelsäure getröpfelt werden, wird derart viel Wärme frei, dass das Wasser sofort zu sieden beginnt und dabei explosionsartig aus dem Gefäß herauskochen kann, wobei oftmals Schwefelsäure mitgerissen wird. In umgekehrter Form, wenn also zunächst kleine Mengen Schwefelsäure in ein Gefäß voll Wasser gegeben werden, wird die entstandene Wärme, dank der hohen Wärmekapazität des Wasser, fast vollständig von dieser aufgenommen. Darüberhinaus, ist der Siedepunkt der Säure mit 279,6°C viel zu hoch, als das dieser

---

3 s. Quelle Nr. 5
4 s. Quelle Nr. 12
5 s. Quelle Nr.
6 s. Quelle Nr. 1

sofort in den gasförmigen Zustand übergehen würde. Nichtsdestotrotz, bleibt das Arbeiten mit Schwefelsäure aufgrund des stark ätzenden und reaktiven Charakters ein gefährliches Unterfangen, das besondere Vorsicht und entsprechende Vorsichtsmaßnahmen wie Gummihandschuhe, Gesichtsschutz und eine Schürze erfordert.

3 Vorkommen in der Natur

Dass man reine und freie Schwefelsäure In der Natur vorfindet ist äußerst selten, fast schon unmöglich. Nur in sehr geringen Mengen lässt es sich in Quellen vulkanischer Aktivität nachweisen, da dort manchmal Schwefelwasserstoff oder reiner Schwefel aus dem Untergrund ans Tageslicht kommt[7]. Dort <u>kann</u> es dann beim Kontakt mit Sauerstoff und Wasser zu einer Schwefelsäurelösung kommen. Aber auch das ist sehr selten der Fall, da Schwefel beim Kontakt mit Sauerstoff fast ausschließlich nur in Schwefeldioxid übergeht, man für die Schwefelsäure aber Schwefeltrioxid benötigt, der dann mit dem Wasser zur Schwefelsäure reagieren kann. Daher findet man in diesen „Säurequellen" eher die „Schwefelige Säure", die eine gewisse Ähnlichkeit mit der eigentlichen Schwefelsäure hat, aber deutlich schwächer ist. Diese wird, wie bereits erwähnt, statt dem Trioxid aus dem Schwefeldioxid gebildet.

- $SO_2 + H_2O \leftrightarrow H_2SO_3$

Zusammenfassend kann man sagen, dass die Mengen an reiner Schwefelsäure in der Natur gegen Null gehen und somit ein Abbau nicht in Frage kommt. Die Minerale und Salze der Schwefelsäure (Sulfate genannt), die ich zu Beginn im Kapital „Eigenschaften" angesprochen habe, treten in der Natur hingegen viel öfter auf. Auf diesen Vorkommen, basieren deshalb schon die ersten historischen Verfahren zur Schwefelsäureherstellung, auf die ich im nächsten Kapitel näher eingehen werde.

---

7   s. Quelle Nr. 10

4 Herstellung der Schwefelsäure

4.1 Historische Verfahren

Die Existenz von Schwefelsäure, wenn auch noch nicht bewusst als Schwefelsäure erwähnt, ist schon seit dem Mittelalter bekannt. Der Chemiker Rudolph GLAUBER[8] (1604-1670) befasste sich mit der Säure konkreter und gilt seiner Zeit als die größte antreibende Kraft im Bereich der Schwefelsäure-Forschung. So konnte er zum einen feststellen, dass beim Erhitzen von *Vitriolen* (historisch verwendeter Name für die Sulfate), unabhängig davon welches Sulfat es nun war, stets ein weißer Rauch entwich, der in Verbindung mit Wasser zu einer viskosen Substanz wurde[9]. Dies lässt sich mit der folgenden Reaktionsgleichung[10], am Beispiel des Eisenvitriol (Eisen(II)-sulfat), darstellen.

RG I: $6\ FeSO_4 \cdot 7\ H_2O + O_2 \leftrightarrow 2\ Fe_2(SO_4)_3 + 2\ FeO + 42\ H_2O$

Das Eisen(II)-sulfat wurde dabei durch die Hitze und mithilfe des Sauerstoffs auf ein Eisen(III)-sulfat reduziert. Im zweiten Schritt muss dieses Sulfat durch weiteres Erhitzen nur noch dazu gebracht werden, in Eisen(III)-oxid und Schwefeltrioxid zu zerfallen. Dies geschieht bei etwa 400 ℃.

RG II: $Fe_2(SO_4)_3 \leftrightarrow Fe_2O_3 + 3\ SO_3$

Allerdings läuft der gesamte Prozess nicht in diesen zwei getrennten Schritten ab, sondern eher in einem ineinander laufenden Übergang beim Erhitzen.

Beim Einleiten des entstandenen Gases in Wasser entsteht schließlich die erwünschte Schwefelsäure.

RG III: $SO_3 + H_2O \leftrightarrow H_2SO_4$

Gegen Mitte des 17. Jh entstanden die ersten Stätten zur Produktion der Schwefelsäure, die nach diesem Vitriolverfahren arbeiteten. In England wuchs derweil die Nachfrage nach der Säure, denn die boomende Textilindustrie Englands benötigte immer größere Mengen dieses Stoffes, die es zur Bleichung der hergestellten Textilien verwendete[11]. England selbst besaß aber kein Vitriol und griff deshalb auf ein anderes Verfahren, das sogenannte „Bleikammerverfahren".

---

8 s. Quelle Nr. 6
9 s. Quelle Nr. 9
10 s. Quelle Nr. 13
11 s. Quelle Nr. 9

Bei diesem, verbrannte man zunächst elementaren Schwefel um Schwefeldioxid zu gewinnen, der dann mit Stickstoffdioxid in Verbindung gebracht wurde.

Bei dieser, im Vergleich zum Vitriolverfahren relativ einfachen Methode, entsteht aus einem mol Schwefeldioxid und einem mol Stickstoffdioxid, ein mol Schwefeltrioxid, der dann gelöst in Wasser, die Schwefelsäure bildet. Zurückbleibt der Stickstoffmonoxid[12].

- $SO_2 + NO_2 \leftrightarrow SO_3 + NO$

- $SO_3 + H_2O \leftrightarrow H_2SO_4$

Dieses Verfahren wurde Mitte des 18. Jh. industriell und im großen Ausmaß angewandt. Den Namen *„Bleikammer*verfahren" bekam es übrigens aufgrund der Tatsache, dass die Produktion in Behältern oder Kammern vonstattenging, die mit Blei beschichtet waren, da dies das billigste und am meisten verbreitete Metall war, das der Schwefelsäure standhalten konnte[13]. Die Schwefelsäure gewann damit eine immer größere Bedeutung in der Industrie, vor allem da es durch die voranschreitende Entwicklung immer billiger und produziert werden konnte.

Das Bleikammerverfahren konnte mit dieser Entwicklung allerdings nicht mithalten, da es zum Einen, durch die Stickstoffdioxidemissionen und die Verwendung von Blei schädigend für Natur und Mensch war und zum Anderen, da die Konzentration der Säure am Ende des Prozesses nur maximal 78% erreichen konnte[14].

Wenn man höher konzentrierte Schwefelsäure benötigte, musste man diese unter sehr hohem Energieaufwand aus der 78%igen Lösung destillieren.

Wie so oft in der Industrie, sind es meistens ökonomische und ökologische Aspekte, die den Weg für neuere und effizientere Verfahren ebnen. In diesem Fall setzte sich das Kontaktverfahren durch, welches das Bleikammerverfahren fast vollständig ablöste.

---

12 s. Quelle Nr. 6
13 s. Quelle Nr. 9
14 s. Quelle Nr. 6

4.2 Kontaktverfahren

Das Kontaktverfahren wurde von den deutschen Chemikern Clemens WINKLER (1838-1904) und Rudolf KNIETSCH (1854-1906) entwickelt[15] und ist im Vergleich zu den vorher üblichen Prozessen, deutlich effizienter in Hinblick auf die Geschwindigkeit der Produktion und die Ausbeute. Dies ist der Anwendung von Katalysatoren und anderen technischen Verfeinerungen zu verdanken.
Der erste Ausgangsstoff, den man für die Produktion benötigt, ist der Schwefeldioxid. Da dieser bekanntlich nicht direkt „abgebaut" werden kann, muss er zunächst industriell gewonnen werden. Dabei gibt es zwei verschiedene Möglichkeiten.
Eine Variante zur Herstellung von Schwefeldioxid bedient sich dabei der Vorkommen von sulfidischen Erzen[16], wie z.B. Pyrit (FeS_2), welches das meist verwendete Erz zur Herstellung von Schwefeldioxid ist. Man findet es beispielsweise in Vorkommen in Norwegen, Russland und Spanien. Bei dieser Variante wird der Pyrit oxidiert und es entsteht Eisen (III)-oxid und der erforderliche Schwefeldioxid.
- $4\ FeS_2 + 11\ O_2 \leftrightarrow 2\ Fe_2O_3 + 8\ SO_2$
Die am meisten verbreitete und genutzte Möglichkeit ist jedoch das schlichte Verbrennen von Schwefel zu Schwefeldioxid. Dazu wird der Schwefel auf 140°C erhitzt und somit in den flüssigen Aggregatzustand gebracht. Anschließend wird dieser mithilfe von Druckzerstäubern, zusammen mit sehr „trockenem" Sauerstoff, in feine Tröpfchen zerstäubt und in den Verbrennungsofen gespritzt[17]. („Trockener" Sauerstoff bedeutet hier, dass das Gas keinerlei Luftfeuchtigkeit enthält, um eine säuerliche Lösung aus Wasser und Schwefeldioxid zu vermeiden). Diese Verteilung in kleinste Partikel hat den Vorteil, dass der Verbrennung nun eine möglichst große Reaktionsfläche zur Verfügung steht. Dieser Teilschritt geschieht in dem sogenannten Verbrennungsofen (siehe Punkt 1 im Verfahrensdiagramm Seite 13)
- $S + O_2 \leftrightarrow SO_2$
Für den nächsten Vorgang, wird der gewonnene Schwefeldioxid nach der Verbrennung zunächst auf 450°C abgekühlt (Punkt 2) und anschließend gereinigt[18],

---

15 s. Quelle Nr. 8
16 s. Quelle Nr. 8
17 s. Quelle Nr. 3
18 s. Quelle Nr. 3

um Beschädigung an Instrumenten, aber vor allem am Katalysators zu verhindern (Punkt 3).

Nun kommt es zum wohl wichtigsten Schritt, der dem Kontaktverfahren seinen Namen gab und es zudem so effizient machte. Der gewonnene Schwefeldioxid wird anschließend in einer Mischung mit Sauerstoff in den sogenannten Kontaktofen geleitet (Punkt 4). In diesem Ofen befindet sich eine Kontaktschicht des Katalysators Vanadiumpentoxid, über welches der Schwefeldioxid langsam geleitet wird. Dabei kommt es zu der Abgabe eines Sauerstoffatoms vom Vanadiumpentoxid zum Schwefeldioxid. Das SO_2 wird somit zum SO_3 oxidiert und das Vanadiumpentoxid wird zum Vanadiumtetraoxid reduziert (Punkt 5).

- $V_2O_5 + SO_2 \leftrightarrow V_2O_4 + SO_3$

Um den Katalysator aber wieder verwendbar zu machen, muss er verständlicherweise wieder in seinen Ausgangszustand gebracht werden. So ist es auch zu verstehen, wieso nicht reiner Schwefeldioxid in den Kontaktofen geleitet wird, sondern eine Mischung mit Sauerstoff. Dieser geht nämlich wieder eine Verbindung mit dem Vanadiumtetraoxid ein, um es in den Ausgangszustand zu versetzen und so wieder für die weitere Herstellung nutzbar zu machen[19].

- $V_2O_4 + 0{,}5\ O_2 \leftrightarrow V_2O_5$

Nach dem uns bereits bekannten Herstellungsverfahren für eine saure Lösung, würde man den entstandenen Schwefeltrioxid nur noch mit Wasser in Verbindung bringen, um so die Schwefelsäure zu gewinnen.

Dieser Weg wird bei der großtechnischen Produktion allerdings nicht eingeschlagen. Das Einleiten des SO_3 in Wasser wäre zwar eine theoretische Möglichkeit, die aber aufgrund von mangelnder Effizienz nicht angewendet wird. Denn der Lösungsvorgang im Wasser vollzieht sich nur sehr langsam. Stattdessen wird der Schwefeltrioxid in konzentrierte Schwefelsäure geleitet[20], mit dem es, im Zwischenabsorber, zur sogenannten Dischwefelsäure reagiert (Punkt 6).

- $SO_3 + H_2SO_4 \leftrightarrow H_2S_2O_7$

Der Vorteil ist, dass die konzentrierte Schwefelsäure den Schwefeltrioxid deutlich schneller und vollständiger lösen kann als Wasser.

Erst danach wird im Endabsorber durch die Zugabe von Wasser aus einem mol

---

19 s. Quelle Nr. 4
20 s. Quelle Nr. 3

Dischwefelsäure und einem mol Wasser zwei mol hochkonzentrierte Schwefelsäure,
(Punkt 7).

- $H_2S_2O_7 + H_2O \leftrightarrow 2\ H_2SO_4$

Dies sind also die theoretischen Prozesse, so wie sie in den Reaktionskesseln
ablaufen. Es gibt da aber einige Justierungen, die von Ingenieuren vorgenommen
werden, um die Produktion effizienter zu machen. Diese konzentrieren sich
hauptsächlich auf die wichtigste Reaktion in diesem Prozess, nämlich die
Herstellung von SO_3 aus dem SO_2, da diese die Schlüsselreaktion in diesem
Verfahren darstellt. Schwefeltrioxid wird in großen Mengen benötigt, doch die
Herstellung dieser ist im Vergleich zu den anderen Teilschritten relativ komplex. Fast
alle Verfahren zur Erhöhung der Ausbeute konzentrieren sich dementsprechend auf
diese Reaktion.

Der erste „Trick" der bei der Produktion Anwendung findet, beruht auf der
Erkenntnis „des Prinzip des kleinsten Zwanges", formuliert und entdeckt durch den
französischen Chemiker LeChatelier. Diese besagt, dass bei der Ausübung von
„Zwängen" (Druckveränderungen, Konzentrationsveränderungen,
Temperaturveränderungen) auf ein chemische Reaktion, sich das Gleichgewicht so
verschiebt, dass es dem Zwang bestmöglich ausweichen vermag.
Schauen wir uns dazu erneut die Reaktion an, die sich im Kontaktofen abspielt,
diesmal aber nur die reine Reaktion von SO_2 zu SO_3, ohne die Betrachtung des
Katalysators.

- $2\ SO_2 + 1\ O_2 \leftrightarrow 2\ SO_3 \quad \Delta H_r = -198\ kJ$

Dabei ist zusehen, dass aus 3 mol Volumenanteile auf Seiten der Edukte, nach der
Reaktion, 2 mol Volumenanteilen auf der Produktseite zurückbleiben.
Im Umkehrschluss, und unter der Betrachtung des Prinzips des kleinsten Zwanges,
wird das chemische Gleichgewicht auf die Seite der Produkte wandern, wenn man
die Reaktion bei höherem Druck verlaufen lässt. Dieser würde zu Beginn auf die
Edukte und somit auf ein Volumen, welches 3 mol Gasmolekülen entspricht, wirken.
Um den Zwang zu verkleinern und ihn „verträglicher" zu machen, wird das
Gleichgewicht, durch Bevorzugung der Hinreaktion, versuchen, das Volumen auf
2 mol Volumenanteile zu senken. Dieses typische Verhalten von dieser Art von
Reaktion wird genutzt, indem man die Reaktion im Kontaktofen bei Überdruck

verlaufen lässt (ca. 10bar).

Die zweite Information, die man aus der Reaktionsgleichung erhält, ist die Angabe der Reaktionsenthalpie. Ein Wert kleiner als Null sagt aus, dass die Reaktion exotherm ist. Das Prinzip von LeChatelier lässt sich auch hier anwenden. Wenn man die Temperatur bei einer exothermen Reaktion von außen aus erhöht, versucht die Reaktion dem entgegenzutreten, indem sie die Reaktion in Richtung der Produkte unterdrückt, da bei dieser ja Wärme frei wird und stattdessen, die Rückreaktion begünstigt, also die Spaltung von SO_3 in Schwefeldioxid. Umgekehrt versuchen exotherme Reaktionen dem Zwang von Kälte, durch die Begünstigung der Hinreaktion und der damit verbundenen Wärmeentwicklung, entgegenzutreten. Dies erklärt wieso der Schwefeltrioxid bei einer Temperatur von 700°C fast vollständig zerfällt. Als logische Konsequenz, muss die Reaktionstemperatur im Kontaktofen so niedrig wie möglich gehalten werden. Doch bei dieser Justierung gibt es eine Grenze. Man kann nämlich nicht in unbegrenztem Maße in tiefere Temperaturen gehen, da man zum Starten einer Reaktion auch eine gewisse Aktivierungsenergie zu überwinden hat. Hinzukommend, würde die Reaktionsgeschwindigkeit bei zu niedrigen Temperaturen abnehmen, was ebenfalls in Betracht gezogen werden muss. Die Reaktion läuft deshalb in der Realität unter einer Temperatur ab, die einen wirtschaftlichen günstigen Kompromiss zwischen zu hoher und zu niedriger Temperatur findet. Durch den Einsatz des Vanadiumkatalysators kann die Reaktionsgeschwindigkeit erhöht und die benötigte Startenergie gesenkt werden, sodass man auch bei niedrigeren Temperaturen mit gleicher Ausbeute arbeiten kann. Die günstigste Arbeitstemperatur liegt dabei bei etwa 450°C.

Die folgende Grafik verbindet nun die beiden genannten Optimierungsoptionen in einem Diagramm.

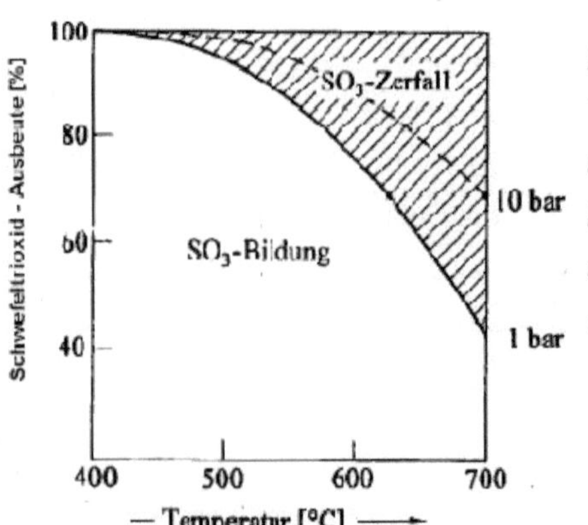

Es ist zu erkennen, dass mit zunehmender Temperatur, der Zerfall des SO_3 seine Bildung überwiegt. Dieser Verlauf kann jedoch durch höheren Druck von 10bar (gestrichelte Linie) abgeschwächt werden. Es ist außerdem zu erkennen, dass das günstigste Gleichgewicht

12

der Reaktion, bei einer fast 100%igen-Umsetzung, bei etwa 400℃ liegt. Mit diesem
Wert wird in der Produktion, aufgrund der Einbußen in der
Reaktionsgeschwindigkeit, allerdings nicht gearbeitet (sondern mit den bereits
erwähnten rund 450℃).

4.3 Doppelkontaktverfahren

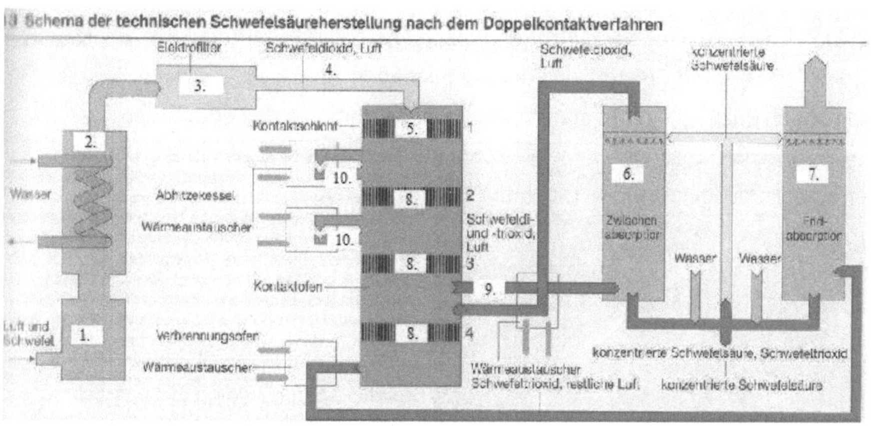

Punkte 1-7: Übliche Verfahrensmethoden des Kontaktverfahrens.
Punkte 8-10: Neu hinzugekommene Verbesserungen für das Doppelkontaktverfahren.

Das Doppelkontaktverfahren basiert auf den selben Strukturen und Prozessen des einfachen Kontaktverfahrens, jedoch mit einigen technischen Verfahrensverbesserungen, die diese neue Methode effizienter und preisgünstiger gegenüber der älteren Variante machen. Dabei gibt es zwei bedeutende Unterschiede.

Die erste Verbesserung liegt in der Anzahl der Katalysatorschichten. Beim Doppelkontaktverfahren gibt es nun mehr als eine Kontaktschicht, in den meisten Fällen sind es genau vier, über die der Schwefeltrioxid geleitet wird. Dies hat natürlich zur Folge, dass die Wahrscheinlichkeit der Aufnahme eines Sauerstoffatoms für das Schwefeldioxid Molekül deutlich erhöht wird (Punkte 8)[21].

21s. Quelle Nr. 7

Eine zweite Möglichkeit, das Reaktionsgleichgewicht auf die Seite der Produkte zu verlagern, liegt in der vorzeitigen Nutzung des Zwischenabsorbers. Im Kontaktverfahren, wurde das Schwefeltrioxid erst am Ende in den Zwischenabsorber geleitet, um dort mit der konzentrierten Schwefelsäure zur Dischwefelsäure zu reagieren. Beim neuen Verfahren wird das Gas nach dem Verlassen der Kontaktschicht abgesaugt und schon vorzeitig in den Zwischenabsorber geführt. Dies führt dazu, dass das bereits entstandene SO_3 beim Kontakt mit der Schwefelsäure zur Dischwefelsäure abreagiert und somit der Produktseite entzogen wird (Punkt 9)[22]. Die Erniedrigung der Konzentration auf der Produktseite regt die Hinreaktion dazu an, immer mehr Produkte zu fördern, um das entstandene Ungleichgewicht auszugleichen. Dies sorgt für eine weitere Optimierung des Verfahrens, die im folgenden Diagramm dargestellt wird.

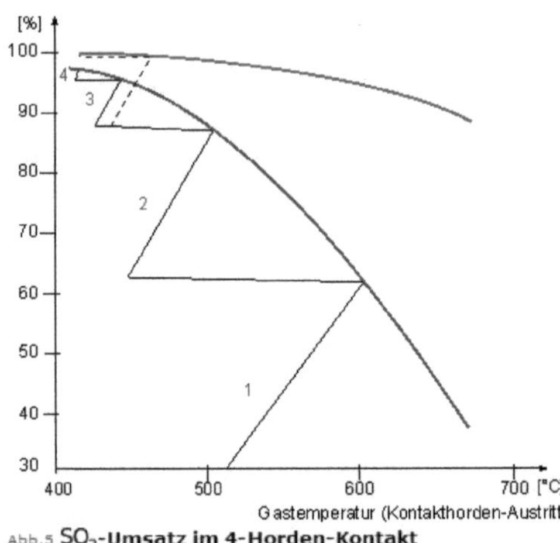

Abb.5 **SO_2-Umsatz im 4-Horden-Kontakt**

Die blaue Kurve steht für den SO_2-Umsatz in % ohne das vorzeitige Entziehen des Schwefeltrioxid. Die grüne Kurve zeigt den SO_2-Umsatz in % bei Anwendung des Zwischenabsorbers vor dem erneuten Kontakt mit einer Katalysatorschicht.

Eine weitere Optimierungsmöglichkeit ist die Abkühlung des Gases auf die gewünschte Arbeitstemperatur von ca. 450 ℃ [23]. Bei jedem Mal wenn das Gas die Horde verlässt (so nennt man das Reaktionssieb, auf dem sich der Katalysator befindet), wird das Gas durch die exotherme katalytische Reaktion auf bis zu 620 ℃

22 s. Quelle Nr. 7
23 s. Quelle Nr. 7

erhitzt. Unter solch einer Temperatur steht das Gleichgewicht, wie wir bereits herausgefunden haben, allerdings recht ungünstig (verschoben auf die Seite der Edukte). Das Gas wird deshalb über einen Wärmeaustauscher auf die erforderlichen 450 °C abgekühlt, bevor es wieder in den Kontaktofen eingeleitet werden kann. Die gewonnene Wärme kann dabei später für andere Prozesse eingesetzt werden (Punkt 10). Moderne Werke können mit den Verbesserungen des Doppelkontaktverfahrens somit eine beachtliche Ausbeute von 99,7% erreichen[24].

5 Verwendung der Schwefelsäure in der Industrie

Die hohe Effizienz der Herstellung von Schwefelsäure ist mithin ein Grund für die immense Bedeutung dieses Stoffes für die Industrie. Sie ist die billigste und meist produzierte Säure der Welt und macht eine Produktion von 120Mio Tonnen im Jahr aus[25]. Nicht umsonst wird sie in Literatur oftmals als das „Blut der Chemie" betitelt. Sie ist so bedeutend für die Entwicklung der Industrie, dass man vor einiger Zeit noch die Schwefelsäureproduktion als Maßstab für den Wohlstand und die wirtschaftliche Stärke eines Landes benutzte[26].

---

24 s. Quelle Nr. 3
25 s. Quelle Nr. 3
26 s. Quelle Nr. 9

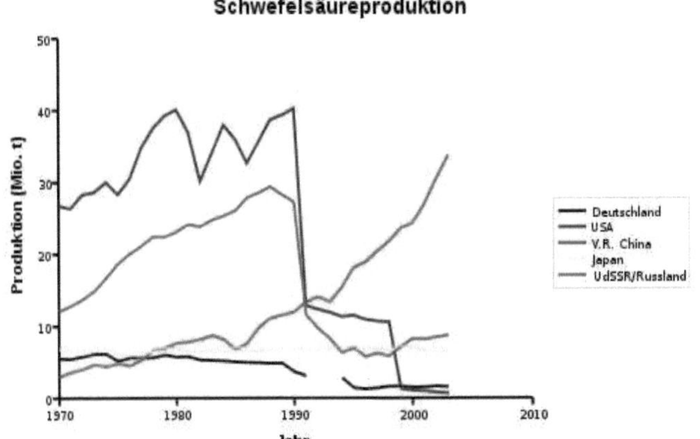

Zwar ist diese Art des Maßstabes, wie im Falle des aufstrebenden China gut zu erkennen, durchaus noch anzuwenden, jedoch ist sie heutzutage nicht mehr ganz repräsentativ, da ehemalige Industriestaaten ihre wirtschaftlichen Aktivitäten nun viel stärker auf den Dienstleistungssektor fokussieren (Handel, Logistik, Finanzwesen etc.). Die USA wären laut dieser Statistik, wenn man sie heutzutage anwenden würde, beispielsweise wirtschaftlich schwächer als China, Russland oder Japan, was sie ja bekanntermaßen nicht sind.

Der Vorteil der Schwefelsäure wird vor allem in der Vielzahl ihrer Einsatzmöglichkeiten sichtbar, die den Umfang eines gesamten Buches bedürften, um sie in Gänze aufzählen zu können. Im folgenden werde ich deshalb nur die wichtigsten Verwendungsmöglichkeiten nennen. Die häufigste Verwendung findet sie in der Düngemittelherstellung[27], die mit der steigenden Bevölkerungen allmählich immer essenzieller wird. Die Düngemittel selbst, sind meistens Sulfate, die im großtechnischen Stil mithilfe der Schwefelsäure erzeugt werden können. Das bekannteste und wohl wichtigste Düngemittel ist das Ammoniumsulfat, welches in der Landwirtschaft eine großes Anwendungsfeld findet. Dazu wird Ammoniak, das zuvor durch das ebenfalls sehr wichtige Haber-Bosch-Verfahren erzeugt wurde, in Schwefelsäure geleitet, um das Ammoniumsulfat zu gewinnen[28].

- $H_2SO_4 + 2\ NH_3 \leftrightarrow (NH_4)_2SO_4$

Eine weitere bedeutende Anwendung findet sie in der Autoindustrie, genauer gesagt, innerhalb von Bleiakkumulatoren[29], die als Starterbatterien verwendet werden. Die Schwefelsäure liegt dabei als 38%ige Lösung vor und dient als elektrolytische Flüssigkeit zwischen zwei Bleiplatten.

---

27 s. Quelle Nr. 2
28 s. Quelle Nr. 14
29 s. Quelle Nr. 2

Auch die chemische Industrie selbst benötigt die Säure, da man mit ihr andere chemische Produkte erzeugen kann. Die Schwefelsäure ist beispielsweise ein wichtiger Bestandteil der Synthese von Säuren wie der Phosphorsäure oder der Salzsäure, die dann ebenfalls für zahlreiche andere Prozesse genutzt werden können. Ferner, wird es zur Veresterung von Glycerin zum Glycerintrinitrat verwendet, welches einen wichtigen Bestandteil des Dynamits darstellt[30]. Schwefelsäure wird zudem in der Erzaufbereitung von Nickel und Kupfer benötigt sowie zur Produktion von Titanoxid, welches zur Weißfärbung in Lacken und Farben vorkommt. Generell ist die Schwefelsäure ein beliebtes Mittel zum Aufschluss von Erzen, da es sehr viele Metalle sehr leicht lösen kann. Die hygroskopische Eigenschaft wird außerdem häufig in der Gasherstellung und Gasweiterverarbeitung genutzt. So wird das Bestreben Wasser aufzunehmen, zum Trocknen von Gasen verwendet, in dem man sie kurz über die Schwefelsäure leitet. All diese Möglichkeiten stellen nur einen Bruchteil aller Anwendungsmöglichkeiten dar. In beinahe jedem erdenklichen Artikel, den wir in unserem Alltagsleben verwenden, hatte die Schwefelsäure eine direkte oder eine indirekte Rolle in der Produktionskette gespielt. Man kann abschließend zusammenfassen, dass sie ein äußerst wichtiger und nicht ersetzbarer Bestandteil der modernen Industrie geworden ist, nicht zuletzt durch die Leistungen und Errungenschaften von Ingenieuren und Entwicklern, die den Siegeszug der Schwefelsäure, durch immer bessere und ausgeklügeltere Herstellungsverfahren, vorangetrieben haben.

---

30 s. Quelle Nr. 2

6 Quellenverzeichnis

1. http://www.sn.schule.de/~chemie/materialien/klasse8/Schwefelsaeure.pdf
2. http://www.seilnacht.com/Chemie/ch_h2so4.htm
3. Elemente Chemie II Gesamtband, Ernst Klett Verlag, Stuttgart 2000, S. 100f.
4. https://www.fh-muenster.de/fb1/downloads/personal/Schwefels__ure-Darstellung__Melanie_Rauhut___Michael_Vo__kuhl_.pdf
5. http://research.chem.psu.edu/brpgroup/pKa_compilation.pdf
6. https://www.fh-muenster.de/fb1/downloads/personal/Schwefels__ure.pdf
7. http://www.chemgapedia.de/vsengine/vlu/vsc/de/ch/10/heterogene_reaktoren/anwendungen/anwendungen.vlu/Page/vsc/de/ch/10/heterogene_reaktoren/anwendungen/schwefelsaeure_kontaktverfahren/schwefelsaeure_kontaktverfahren.vscml.html
8. http://www.unisiegen.de/fb8/ac/hjd/lehre/ac1/vortraege0607/graef_zusammenfassung_von_schwefels%C3%A4ure_herstellung_eigenschaften_corr_.pdf
9. http://www.chemieunterricht.de/dc2/vermisch/vitriol.htm
10. http://de.wikipedia.org/wiki/Solfatare
11. Thorsten Stefan and Rudolf Janoschek: How *relevant are S=O and P=O Double Bonds for the Description of the Acid Molecules H_2SO_3, H_2SO_4, and H_3PO_4, respectively?* in: *J. Mol. Model.*, 2000, 6, S. 282–288
12. Elemente Chemie II Gesamtband, Ernst Klett Verlag, Stuttgart 2000, S. 137.
13. http://de.wikipedia.org/wiki/Vitriolverfahren#Verfahren
14. http://de.wikipedia.org/wiki/Ammoniumsulfat#Gewinnung_und_Darstellung

6.3 Bildquellen

Seite 3, Bild 1

http://upload.wikimedia.org/wikipedia/commons/thumb/e/e5/Schwefels
%C3%A4ure3.svg/200px-Schwefels%C3%A4ure3.svg.png

Seite 3, Bild 2

2http://upload.wikimedia.org/Wikipedia/commons/thumb/b/b5/Sulfuric_acid.sv
g/200px-Sulfuric_acid.svg.png

Seite 4

http://upload.wikimedia.org/wikipedia/commons/thumb/a/ab/Schwefels
%C3%A4ure_Ladungen2.svg/200px-Schwefels
%C3%A4ure_Ladungen2.svg.png

Seite 12

https://www.fh-muenster.de/fb1/downloads/personal/Schwefels__ure-
Darstellung__Melanie_Rauhut___Michael_Vo__kuhl_.pdf

Seite 13

Elemente Chemie II Gesamtband, Ernst Klett Verlag, Stuttgart 2000, S. 101

Seite 14

http://www.chemgapedia.de/vsengine/vlu/vsc/de/ch/10/heterogene_reaktoren/
anwendungen/anwendungen.vlu/Page/vsc/de/ch/10/heterogene_reaktoren/
anwendungen/schwefelsaeure_kontaktverfahren/schwefelsaeure_
kontaktverfahren.vscml.html

Seite 15

http://upload.wikimedia.org/wikipedia/commons/b/b2/DiagrammSchwefels
%C3%A4ureproduktion_de.svg